CONSEIL D'ADMINISTRATION

PRÉSIDENT

M. le Baron **de SOUBEYRAN**, O. ✻, Président du Conseil d'administration de la *Banque d'Escompte de Paris*.

ADMINISTRATEURS

MM. **Robert de BEAUCHAMP**, C. ✻, ancien Administrateur du *Crédit Foncier de France*.

Émile CLERC, ancien Secrétaire général de la *Banque Hypothécaire de France*.

Sanial DU FAŸ, ✻, ancien Préfet.

Le Comte **Georges de GERMINY**.

LAIR, ✻, Directeur-Administrateur des *Magasins généraux de Paris*.

V. MAC SWINEY, Président du Conseil d'administration de la *Société de Viticulture Algérienne*.

L. MAICHE, ✪, Ingénieur.

E. PORCHER-LABREUIL, ✢, Inspecteur général de *la Paternelle*.

SOCIÉTÉ FRANÇAISE

DE

PROTECTION CONTRE LE PHYLLOXERA

SOCIÉTÉ ANONYME

CAPITAL :

1,400,000 Francs.

MARQUE DE FABRIQUE
Déposée

SIÈGE SOCIAL :

A PARIS

9, rue Marsollier, 9

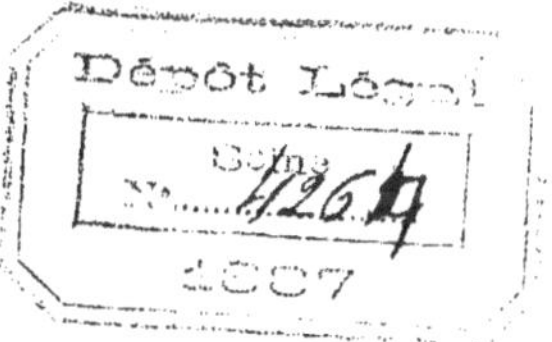

NOTICE

SUR LE

PHYLLOXERICIDE MAICHE

PARIS
IMPRIMERIE Ve ÉTHIOU PÉROU ET FILS
RUE DE DAMIETTE, 2 ET 4

1887

NOTA

Adresser toutes les communications concernant la Société au **Secrétaire général** *de la Société, au Siège social, 9, rue Marsollier, à Paris.*

NOTICE

SUR LE

PHYLLOXERICIDE MAICHE

ÉTAT DES VIGNES FRANÇAISES

L'envahissement de toute l'Europe par le phylloxera n'étant plus qu'une question de temps, il faut se résoudre à subir le fléau ou à le combattre sans retard d'une manière efficace.

Les chiffres fournis à la commission supérieure du phylloxera établissent qu'en France, en 1885, l'étendue des vignobles anéantis depuis le commencement de la maladie dépasse un million d'hectares.

Si nous voulons savoir le temps qu'il faudra pour arriver à leur destruction complète, les chiffres suivants nous l'indiquent :

En 1878, la surface attaquée était de 243,048 hectares.

En 1884, cette surface atteignait 664,511 hectares.

L'étendue des vignes malades a donc presque triplé en six ans; si nous comptons en 1885 un million d'hectares détruits et 664,000 hectares malades, nous avons un total de 1,664,000 hectares.

La totalité des vignobles français avant l'invasion phylloxerique était de 2,500,000 hectares.

Il ne resterait donc que 836,000 hectares sur les anciennes vignes, soit 1/3 environ.

INSUFFISANCE DES MOYENS PROPOSÉS

Comment se fait-il que tous les efforts tentés par la commission supérieure du phylloxera et par les syndicats de vigilance n'aient pas eu plus de résultat?

C'est que l'Administration elle-même, dans ses rapports officiels, est obligée de reconnaître qu'aucun des moyens proposés n'est applicable d'une manière générale.

Le rapport de M. Cheysson, adressé à la commission supérieure du phylloxera pour l'année 1885 donne une explication qui nous édifie complètement.

« On est loin, en effet, dit-il, d'être d'accord sur l'efficacité universelle et absolue des divers procédés mis en œuvre pour combattre le phylloxera. Ils triomphent ici, tandis qu'ils échouent ailleurs.

« Dans tel département, par exemple, le sulfure de carbone fait merveille; dans tel autre, on assure qu'il réussit moins bien, si même il ne donne des mécomptes.

« La submersion n'est possible que dans des circonstances topographiques et hydrographiques assez rares; le sulfo-carbonate exige beaucoup d'eau.

« La reconstitution par les cépages américains soulève la délicate et difficile question de l'adaptation, qui ne peut être résolue que par de longs tâtonnements. »

LE PHYLLOXERICIDE MAICHE

On comprend très bien que ce qu'il faut, c'est un moyen simple, peu coûteux, pouvant être employé par les viticulteurs eux-mêmes, n'exigeant pas plus d'eau qu'il est possible d'en trouver partout; enfin, que ce moyen, loin de nuire à la vigne et d'arrêter, même momentanément, la végétation, l'active sans épuiser le sol, en produisant à la fois deux effets indispensables, la destruction de l'insecte et la guérison rapide de la plante malade.

La *Société française de protection contre le Phylloxera*, avant de proposer l'emploi du phylloxericide Maiche, s'est assurée, par une série d'expériences minutieuses faites avec le plus grand soin, à la suite des rapports les plus concluants, de sa constante efficacité.

Des expériences ont été faites sur les différents points de la France, dans le courant de l'année 1886, en Bourgogne, dans la Drôme, la Gironde, les Charentes, l'Aude, l'Hérault, les Pyrénées-Orientales, le Gard, la Vienne, etc.

Les résultats ont été concluants sur tous les terrains, sur tous les points.

Partout le phylloxera a été détruit en quelques jours et la végétation a repris sa marche normale.

Ces expériences ont été renouvelées cette année (1887), aussitôt que la saison a permis de faire des constatations irréfutables.

Pour chacune de ces expériences, un certain nombre de pieds de vigne étant choisis par les propriétaires intéressés, plusieurs pieds étant arrachés et la constatation des phylloxeras vivants étant bien établie, chacun des autres pieds de vignes a été arrosé à la dose de un à deux litres d'un mélange composé de un à deux kilogrammes de phylloxerecide Maiche dissous dans cent litres d'eau; quatre à cinq jours après, ces pieds de vigne étant arrachés, puis examinés avec le plus grand soin à la loupe ou au microscope, les phylloxeras furent trouvés morts et quelques jours après il n'en restait plus de trace.

L'arrosage pratiqué à des doses beaucoup plus élevées et répété plusieurs fois, non seulement sur la vigne, mais encore sur les plantes les plus délicates, n'a jamais eu d'autre effet, indépendamment de la destruction des insectes qui pouvaient s'y trouver, que de déterminer un développement remarquable de la végétation.

ÉPOQUE DU TRAITEMENT

On peut traiter la vigne par le phylloxericide Maiche en tout temps; mais l'époque la plus favorable à la démonstration de son efficacité est celle où la végétation est en activité, depuis le mois de mai jusqu'à fin octobre, c'est-à-dire pendant tout le temps où le phylloxera exerce surtout ses ravages.

SON ACTION SUR LA VIGNE

Il est prouvé, par toutes les expériences faites directement sur les insectes, que ceux qui sont atteints par le phylloxericide Maiche disparaissent en très peu de temps ; mais on comprend très bien qu'un litre de liquide mis au pied d'un cep ne pourrait pas suffire pour atteindre directement tous les phylloxeras répandus sur des racines souvent assez éloignées.

Le phylloxericide agit donc aussi d'une autre manière : composé de substances organiques ou végétales assimilables par les racines, il est absorbé par elles comme nourriture et transporté par la sève sur tous les points de la plante. De plus, les vapeurs qui s'en dégagent éloignent le phylloxera des racines et les insectes ne tardent pas à périr d'inanition.

Dans tous les cas, l'absorption rapide par les racines de l'engrais que renferme le phylloxericide les dispose rapidement à une reprise de la végétation et à la reconstitution du chevelu, indispensable à l'alimentation naturelle de la plante.

Il est évident que, si des vignes tellement malades qu'elles n'étaient guère bonnes qu'à être arrachées ont pu être conservées, il est beaucoup plus facile d'arrêter le mal sur celles qui sont nouvellement atteintes et de préserver celles qui ne le sont pas encore.

MANIÈRE DE L'EMPLOYER

Le phylloxericide Maiche est un liquide noir, légèrement sirupeux, soluble en toutes proportions dans l'eau, inoffensif pour les personnes et les animaux domestiques, lorsqu'il est dilué aux proportions indiquées; son odeur goudronneuse très forte détourne du reste les animaux d'y goûter. Il n'est pas inflammable.

On prend un kilogramme de phylloxericide pour cent litres d'eau, on le verse doucement dans l'eau en remuant, et le mélange est instantané.

Si la vigne que l'on veut traiter est de grosseur moyenne, deux litres par chaque pied de vigne sont grandement suffisants. On commence par déchausser chaque pied exactement autour du cep, de manière à former en terre un entonnoir d'environ un litre, puis on verse avec une mesure contenant la quantité de liquide, en faisant couler doucement sur le pied, de manière à bien mouiller l'écorce à quelques centimètres au-dessus de la terre.

Sur certains ceps d'une grosseur extraordinaire, il est bon d'augmenter la dose. Dans la quinzaine qui suit le traitement, la presque totalité, souvent même la totalité des phylloxeras disparaît et le petit nombre qui pourrait survivre est impuissant à entraver la marche de la végétation.

Il est important de ne pas arroser la vigne aussitôt après des pluies persistantes qui, ayant saturé d'eau les racines et la plante tout entière, s'opposeraient à l'absorption du phylloxericide.

Dans les terres argileuses, la dispersion du phylloxericide est beaucoup moins prompte, et la constatation des résultats ne peut se faire que quinze jours ou trois semaines après. Dans ce cas, les premiers phylloxeras tués ont entièrement disparu sans laisser de traces.

Pour que le traitement soit aussi fructueux que possible, il est tout indiqué d'en appliquer les premières dépenses aux vignes qui sont encore en état de donner au moins une récolte partielle.

Pour les vignes gravement atteintes, il est préférable de les traiter que d'en replanter de nouvelles. L'arrachage des vieilles souches est une cause de pertes irréparables, et tant qu'il reste assez de végétation pour qu'il soit bien constaté que la vigne est vivante, il y a tout intérêt à la conserver.

Dans tous les cas, aussitôt que le phylloxera est signalé dans une région, il est indispensable de s'occuper sans aucun retard de sa destruction.

Il semble inutile d'insister sur les symptômes auxquels on reconnaît qu'une vigne est plus ou moins atteinte; il y a maintenant en France, partout, des syndicats de défense contre le phylloxera, composés d'hommes dévoués à leur pays, sur le concours desquels tous les vignerons peuvent compter pour les renseigner.

On ne saurait trop recommander l'emploi du phylloxericide Maiche, même sur les vignes encore saines, sa valeur intrinsèque comme engrais dédommageant déjà d'une grande partie de la dépense.

Le phylloxera existe souvent depuis plusieurs années sur des vignes qui paraissent indemnes et son développement devient tout à coup si rapide qu'il semble foudroyant ; cela tient à la facilité avec laquelle l'insecte se multiplie sur la vigne malade.

La replantation en vignes françaises des vignobles détruits s'imposant comme une conséquence de l'efficacité du traitement des vignes par le phylloxericide, il est de toute importance de les préserver du phylloxera dès le moment de la plantation.

Pour cela il suffira, avant de planter les jeunes pieds, de les plonger pendant une minute ou deux dans un mélange de phylloxericide et d'eau à raison de 5 % de phylloxericide.

Cette précaution si simple à exécuter suffit pour détruire tous les œufs et les phylloxeras vivants qui pourraient se trouver cachés sur les racines ou sous l'écorce au moment de la plantation.

PRIX DU TRAITEMENT

Le prix du phylloxericide Maiche est fixé uniformément à 150 francs les cent kilogrammes rendus, franco de port et d'emballage, en gare de destination, en France, par barils de 100 kilos ou de 50 kilos au moins.

Nous avons dit qu'il fallait, pour la moyenne des

vignes, 2 litres d'eau renfermant 1 °/₀ de phylloxericide; c'est donc une dépense de 3 centimes par pied de vigne, soit 120 francs pour l'hectare de 4,000 pieds. Cette indication n'est qu'approximative. Il ne faut pas déduire de là que, sur une vigne plantée à raison de 16,000 pieds, le traitement exigerait quatre fois plus de produit.

Le Phylloxericide doit être employé dans des proportions voisines de 100 kilos par hectare.

La manutention, réduite comme on l'a vu à sa plus simple expression, peut être faite par n'importe qui et coûte, par conséquent, fort peu de chose.

D'après les expériences faites, on peut être sûr qu'après le traitement tous les phylloxeras auront été détruits, mais, dans le cas où les vignes voisines n'auraient pas été traitées, on doit redouter une nouvelle invasion et s'en garantir par un nouveau traitement.

PHYLLOXERICIDE A L'ÉTAT SEC

Malgré la faible quantité d'eau (un à deux litres par pied) nécessaire pour l'emploi du Phylloxericide liquide, il y a beaucoup de vignes où il est très difficile de transporter l'eau.

La *Société française de Protection contre le phylloxera* s'est beaucoup préoccupée de cette objection, et M. Maiche a réalisé une heureuse combinaison du Phylloxericide permettant de l'employer à l'état sec. Les premiers essais en ont été faits dès le mois de mars et ont donné d'excellents résultats. Cependant, la Société a voulu attendre que des démonstrations multiples aient prouvé sans réserve que l'application du Phylloxericide sec pouvait être recommandée avant d'en autoriser la vente.

Partout où il a été essayé, il a été demandé avec tant d'insistance qu'il n'est plus permis d'élever d'objections contre son emploi.

Le Phylloxericide sec se présente sous la forme d'une poudre brune dont l'apparence rappelle le tan de chêne. La désignation de sec n'est que relative, car il est assez humide pour se prendre en masse par la compression de la main.

Il s'emploie, comme le Phylloxericide liquide, à la dose de deux décilitres environ qui doivent être répartis autour des racines, au fond d'une ouverture creusée en couronne aussi profondément que possible au pied de chaque cep, sans toucher les racines; on recouvre de terre en tassant fermement pour empêcher l'évaporation inutile.

Les vapeurs qui se dégagent du phylloxericide sec se répandent partout en terre et tuent rapidement le Phylloxera partout où il se trouve.

La terre étant rapidement imprégnée de ces vapeurs, il n'est pas nécessaire de dégarnir trop nettement la racine : un coup de pelle ou de pioche appliqué maladroitement sur l'écorce à certains moments de la pousse peut atteindre la vitalité de la plante. Dans ce cas, on pourrait à tort attribuer à l'action du Phylloxericide ce qui ne serait dû qu'à une blessure faite directement à la vigne.

L'action du Phylloxericide sec sur le phylloxera peut se prolonger pendant plusieurs mois, et il est précieux en ce sens qu'il préserve absolument de toute réinvasion pendant très longtemps.

La Société publiera les procès-verbaux de constatation à mesure qu'elle les recevra.

Nota. — Le Phylloxericide, soit liquide, soit à l'état solide, peut être plus ou moins noir; la couleur ne peut influencer en rien sa qualité. Il est tout dosé au même degré et la fabrication invariable dans les proportions. Sa couleur plus ou moins foncée peut être attribuée à des traces de noir de fumée qui restent dans les substances goudronneuses employées.

EXTRAIT DE PROCÈS-VERBAUX D'EXPÉRIENCES

SUR LE

PHYLLOXERICIDE MAICHE

PROCÈS-VERBAL

EXPÉRIENCE DU 15 AVRIL 1887

(Arrondissement de GRASSE)

Sous la direction de M. P. LABREUIL, Administrateur de la Société française de protection contre le Phylloxera.

Le **15 Avril 1887**, la *Société française de protection contre le Phylloxera*, dont le Siège est à Paris, rue Marsollier, 9, a appliqué le Phylloxericide Maiche sur des vignes situées sur la commune de Grasse, arrondissement de Grasse (Alpes-Maritimes), appartenant à M. Joseph Funel.

Ces vignes, âgées de cinq ans, étaient phylloxerées depuis environ deux années.

Après avoir constaté l'existence du phylloxera sur lesdites vignes, les personnes présentes à l'expérience ont désigné un carré de 250 pieds pris dans la partie la plus phylloxerée ; on a procédé alors de la manière suivante : chaque pied préalablement déchaussé, de manière à former un petit entonnoir, a été arrosé par deux litres de solution aqueuse, contenant 1 °/₀ de phylloxericide.

Étaient présents :

MM. Alfred Pons, propriétaire. — Albin Marey, propriétaire. — Édouard Jembert, propriétaire. — Honoré Charnier, propriétaire. — Joseph Ollivier, propriétaire. — Antoine Ollivier, propriétaire. — Joseph Funel et François Griffony.

Tous domiciliés à Grasse.

Et MM. de Loche, Inspecteur de la Société; J. Sibon, Opérateur de la Société, lesquels ont signé le présent procès-verbal et se sont ajournés à trois semaines pour vérifier les résultats

A. Ollivier.	H. Charrié.	De Loche.
J. Ollivier.	Sibon.	Griffony.
Ad. Pons.	E. Jembert.	Funel.

CONSTATATION

Le **10 Mai 1887**, en présence de M. du Faÿ, Administrateur de la Société,

Et sous la direction de M. de Loche, Inspecteur,

Les soussignés, qui avaient assisté à l'opération du Phylloxericide Maiche le 15 Avril dernier sur la vigne de M. Funel,

Déclarent s'être transportés sur le terrain complanté de vignes qui a servi aux expériences. Après avoir fait déraciner plusieurs ceps, ils n'ont constaté sur les racines la présence d'aucun phylloxera; un seul puceron mort a été trouvé sur une radicelle.

A la suite de cette constatation, on a fait examiner un certain nombre de vignes du même vignoble n'ayant pas été traitées. La présence de nombreux phylloxeras et d'œufs a été constatée sur les racines.

Le propriétaire a déclaré que les vignes traitées accusaient une végétation plus vigoureuse que celles qui n'ont subi aucun traitement.

En foi de quoi a été dressé et signé le présent procès-verbal par les membres de la Commission.

PROCÈS-VERBAL

EXPÉRIENCE DU 16 AVRIL 1887

(Arrondissement de NICE)

Application du Phylloxericide Maiche sur la vigne de M. Bernard, commune de la Trinité-Victor.

En présence de M. Couanon, Inspecteur des services du phylloxera, délégué spécialement par M. le Ministre de l'Agriculture pour assister à ladite expérience, et de M. Gos, délégué départemental du service phylloxerique des Alpes-Maritimes, et sous la direction de M. P. Labreuil, admininistrateur de la *Société française de protection contre le Phylloxera,* dont le siège est à Paris, 9, rue Marsollier, qui a constaté, d'accord avec la Commission, l'état déplorable du sol, par suite de la grande humidité,

Nous, soussignés, déclarons avoir assisté à l'application du Phylloxericide Maiche qui a été faite le 16 avril 1887, sur les vignes de M. Bermond, commune de la Trinité-Victor.

Cette vigne est âgée de quinze ans, et phylloxerée depuis trois ans environ.

Après avoir constaté sur plusieurs pieds la présence du phylloxera et reconnu que la vigne est bien phylloxerée, nous avons désigné un carré de 200 pieds pris dans la partie la plus phylloxerée.

Le traitement a été ensuite appliqué de la manière suivante : chaque pied, déchaussé légèrement, en forme de petit entonnoir, a été arrosé par une solution aqueuse contenant deux pour cent de Phylloxericide Maiche.

Étaient présents :

MM. Couanon, inspecteur des services du phylloxera, délégué spécialement par M. le Ministre de l'Agriculture. — Juge, propriétaire, secrétaire général de la Société d'agriculture. — Gos, professeur départemental d'agriculture à Nice, délégué départemental du service phylloxerique des Alpes-Maritimes. — Levallois, directeur de la station agronomique à Nice. — Hallouet, inspecteur des forêts à Nice. — Dutertre, station agronomique à Nice. — Comte Chandon de Briailles, à Nice. — Bermond Jacques, propriétaire à la Trinité-Victor. — Grimaldi, propriétaire à Nice. — Bianchi, propriétaire à Nice. — Carlin Étienne, propriétaire à Nice. — Champsaur, inspecteur adjoint des forêts à Nice. — Barelli, propriétaire à Nice. — Bruli, préparateur de la station agronomique à Nice. — Tivoli, propriétaire à Lyon. — Bauquier, propriétaire, avocat à Nice. — Allouet, propriétaire à Saint-Sauvat. — Scoffier, maire à la Trinité-Victor. — Gelharey, conseiller municipal à la Trinité-Victor. — Conso, conseiller municipal à la Trinité-Victor. — Mars Claude, propriétaire à la Trinité-Victor. — Delfino Édouard, propriétaire et chevalier de la couronne d'Italie. — Fulconis frères, fermiers. — Veran, négociant, propriétaire à la Trinité-Victor. — Covin, négociant, propriétaire à Points-de-Conti. — Castel, propriétaire à la Trinité-Victor. — Henri Louis. — Botte Émile. — Bermond Jean, propriétaires à la Trinité-Victor. — Chaon frères, propriétaires à Drap. — Deleuse, propriétaire à Drap. — Arnulfe César, propriétaire à la Trinité-Victor. — Arnulfe Pierre, propriétaire à Drap. — Carlin Étienne, propriétaire à Couts. — Baudoin André, propriétaire à la Trinité.

Lesquels ont nommé d'un commun accord une commission spécialement chargée de suivre l'expérience. Cette Commission, qui s'est ajournée à trois semaines pour constater le résultat du traitement, se compose de huit membres qui ont signé le présent procès-verbal.

MM. Hallouet J.-B., propriétaire à Saint-Jeannet. — Charles Juge, secrétaire général de la Société d'agriculture. — Levallois, directeur de la station agronomique. — Champsaur, inspecteur adjoint des forêts. — J. Bermond. — Rouquin. — Étienne Carlin. — Grimaldi. — Gos, professeur départemental d'agriculture.

CONSTATATION

Le **11 Mai 1887,** sur la convocation de M. Juge, secrétaire de la Société agricole, à neuf heures du matin, la Commission ci-dessus présentée s'est transportée sur le lieu d'expérience et a fait procéder au déchaussement de huit ceps de vigne ayant été traités par le Phylloxericide Maiche. Sur six de ces huit pieds, il n'a été constaté la présence d'aucun phylloxera; sur les deux autres on a remarqué à la loupe un certain nombre de phylloxeras que l'on croyait vivants; mais, vérifiés au microscope, il a été reconnu que la plus grande partie était bien réellement morte et que quelques-uns, quoique paraissant vivants, semblaient ne pas posséder leur énergie habituelle; tandis que, sur les ceps non traités, les phylloxeras étaient trouvés vivants et en grande quantité.

Le Président de la Commission,

HALLOUET.

PROCÈS-VERBAL

EXPÉRIENCE DU 6 MAI 1887

Application du Phylloxericide Maiche sur la vigne de M. Bonnary, propriétaire à Caissargues, commune de Bouillargues (Gard).

En présence de :

Et sous la direction de M. F. DE LOCHE, Inspecteur de la *Société Française de Protection contre le Phylloxera,* dont le siège est à Paris, rue Marsollier, n° 9,

Les soussignés déclarent avoir assisté à l'application du Phylloxericide Maiche qui a été faite, le 6 mai 1887,

Sur les vignes de M. BONNARY, propriétaire à Caissargues (Gard).

Cette vigne est âgée de cinq ans et phylloxerée depuis deux ans environ.

Après avoir constaté sur plusieurs pieds la présence du Phylloxera et reconnu que la vigne est bien phylloxerée, ils ont désigné un carré de 99 pieds.

Le traitement a été ensuite appliqué de la manière suivante : chaque pied, déchaussé légèrement en forme de petit entonnoir, a été arrosé par une solution aqueuse contenant deux pour cent de Phylloxericide Maiche.

Étaient présents :

MM. BRUNETON, Président de la Société d'Agriculture du Gard. — Adolphe PIEYRE, ancien Député, membre de la Société des Agriculteurs de France. — MAURIN, directeur des syndicats agricoles du Vaucluse. — Léonce GUIRAUD, propriétaire. — Arnaud GAIDAN, banquier, propriétaire. — Octave VIVIEZ DE CHATELARD, propriétaire à La Bastide. — Samuel GUÉRIN, manufacturier. — Louis GUÉRIN, conseiller général. — Louis AVIGNON, propriétaire. — BÉDOS fils, géomètre expert. — Louis MATHIEU, propriétaire. — PECHERAL François, propriétaire. — PECHERAL Adolphe, propriétaire. — MARTIN, propriétaire. — MARTIN François, propriétaire. — VINCENT Étienne, propriétaire. — RIGAL, entrepreneur. — AVIGNON Léon, propriétaire. — REBOUL, propriétaire. — BONNARY, propriétaire. — FINIELS, agent de la Société. — PÉNOT fils, agent de la Société, propriétaire à Générac, membre de la Société des Agriculteurs de France et du Syndicat central des Agriculteurs de France.

Lesquels ont nommé, d'un commun accord, une Commission spécialement chargée de suivre l'expérience. Cette Commission, qui s'est ajournée pour constater le résultat du traitement, se compose de 9 membres, qui ont signé le présent procès-verbal.

Signé : BRUNETON. — BONNARY. — MARTIN. — Léon AVIGNON. — François PÉCHERAL. — GUIRAUD. — BEDOS. — G. MAURIN. — Adolphe PÉCHERAL.

CONSTATATION

Le **13 Mai 1887**, la vérification de l'expérience faite sur la vigne de M. Bonnary, à Caissargues, le 6 Mai courant, a été effectuée par les soussignés présents à l'application du Phylloxericide Maiche.

Sept souches ont été examinées avec soin : sur cinq, on n'a pas trouvé de phylloxera ; sur une des deux autres on a découvert un phylloxera de coloration verdâtre et ayant une tache noire sur la moitié du corps, quelques œufs étaient à côté, de couleur foncée et laiteuse ; un seul était jaune, mais il n'était par transparent. Sur l'autre souche on a constaté un phylloxera de coloration un peu verdâtre et semblant ne pas être dans son état normal ; tout à côté, on a vu, de la manière la plus distincte, les peaux et les restes desséchés de plusieurs phylloxeras.

Une souche a été complètement arrachée, aucun phylloxera n'y a été découvert.

Sur les racines des ceps non traités du même vignoble, on a trouvé un assez grand nombre de phylloxeras très gros et parfaitement vivants.

En foi de quoi le procès-verbal a été dressé et signé par la Commission pour valoir ce que de droit.

LETTRE DE M. F. DE LOCHE

Sainte-Marthe, le 18 Mai 1887.

A Monsieur le Secrétaire général de la Société Française de Protection contre le Phylloxera,

PARIS.

Monsieur le Secrétaire général,

J'ai l'honneur de vous adresser ci-joint, par pli recommandé, le procès-verbal de la vérification à Aix.

N'ayant pu faire l'expérience, comme me l'avait promis le professeur d'agriculture, dans le champ d'expériences du Comice agricole d'Aix, j'avais dû, pour donner satisfaction aux personnes qui avaient répondu à la convocation, accepter la vigne que M. André mettait à ma disposition, bien qu'elle se trouvât dans des conditions assez défavorables. Cette vigne, quoique jeune (5 à 6 ans), étant très phylloxerée, avait été à peu près abandonnée par son propriétaire; elle n'avait pas été piochée et les herbes l'envahissaient; cependant, ayant remarqué dans une certaine partie une bonne végétation, je m'étais décidé à la traiter, tout en faisant mes réserves.

Dans ces conditions, ce n'est pas sans une certaine appréhension que j'ai procédé hier à la vérification du résultat. Aussi ma satisfaction a-t-elle été d'autant plus grande lorsque j'ai constaté le prodigieux effet du phylloxericide.

Le professeur d'agriculture, M. Faudrin, très incrédule, a fait arracher entièrement deux souches. Les souches avaient des racines d'une très grande longueur; elles étaient littéralement couvertes de phylloxeras; un très petit nombre de phylloxeras paraissaient plus ou moins vivants, mais tous les autres étaient noirs et comme grillés, et cela jusqu'au bout des plus longues racines, et notez, Monsieur le Secrétaire général, que le traitement n'avait eu lieu qu'à un pour cent. Une souche voisine, non traitée, a été examinée; elle était tellement couverte de phylloxeras qu'on ne voyait en quelque sorte plus le bois. Ces phylloxeras étaient tous jaunes et parfaitement vivants et n'avaient aucunement l'aspect de ceux traités sur les souches.

Pour moi, cette constatation est très importante et extrêmement concluante.

Veuillez agréer, Monsieur le Secrétaire général, etc.

PROCÈS-VERBAL

EXPÉRIENCE DU 3 MAI 1887

Application du Phylloxericide Maiche sur la vigne de M. André Louis, propriétaire au quartier de Saint-Eutrope, à Aix.

En présence de ,

Et sous la direction de M. de Loche, Inspecteur de la *Société Française de protection contre le Phylloxera,* dont le siège est à Paris, rue Marsollier, n° 9,

Les soussignés déclarent avoir assisté à l'application du Phylloxericide Maiche qui a été faite le mardi 3 Mai 1887, sur les vignes de M. André.

Cette vigne est âgée de cinq ans et phylloxerée depuis deux ans environ.

Après avoir constaté sur plusieurs pieds la présence du phylloxera et reconnu que la vigne est bien phylloxérée, ils ont désigné un carré de 132 pieds.

Le traitement a été ensuite appliqué de la manière suivante : chaque pied, déchaussé légèrement en forme de petit entonnoir, a été arrosé par une solution aqueuse contenant un pour cent de Phylloxericide Maiche.

Etaient présents :

MM. Vicomte D'ESTIENNE DE SAINT-JEAN, propriétaire à Aix. — SOUBRAT, Président du Comice agricole d'Aix. — FAUDRIN, professeur d'agriculture. — A. D'ESTIENNE DE SAINT-JEAN, propriétaire à Aix. — Léopold BOYER, propriétaire à Aix. — Antony HUNTYMANN, propriétaire, à Aix. — Louis ANDRÉ, propriétaire à Aix. — ROMONDET, Directeur du journal *le Mémorial*. — AUDIBERT Auguste, Substitut du procureur de la République. — Auguste ETIENNE, agent de la Société.

Lesquels ont nommé d'un commun accord une Commission chargée de suivre l'expérience. Cette Commission, qui s'est ajournée au 17 Mai 1887, pour constater le résultat du traitement, se compose des membres qui ont signé le présent procès-verbal.

MM. FAUDRIN. — Léopold BOYER. — Vicomte D'ESTIENNE DE SAINT-JEAN. — A. HUNTYMANN. — L. ANDRÉ. — REMONDET. A. ESTIENNE. — A. AUDIBERT.

CONSTATATION

Le **17 Mai 1887**, sur la convocation de M. DE LOCHE, Inspecteur de la Société, a eu lieu la vérification de l'expérience faite le 3 mai courant sur la vigne de M. André, propriétaire à Aix, quartier de Saint-Eutrope, par l'application du Phylloxericide Maiche.

Deux souches ont été entièrement arrachées; il a été constaté sur leurs racines un grand nombre de phylloxeras noirs et morts pour la plupart; quelques-uns, de coloration jaune, étaient encore vivants. Sur une souche arrachée dans la partie non traitée on a constaté une quantité innombrable de phylloxeras jaunes et vivants; aucun n'avait la coloration et l'aspect de ceux remarqués sur les souches traitées.

En foi de quoi le présent procès-verbal a été dressé et signé par la Commission pour valoir ce que de droit.

Aix, quartier Saint-Eutrope, le 17 mai 1887.

PROCÈS-VERBAL

EXPÉRIENCE DU 4 MAI 1887

Application du Phylloxericide Maiche sur la vigne de M. Gabriel Sérignan, fermier de Mlle Honorine Maillard, propriétaire à Sonnailler, commune d'Arles.

En présence de.....

Et sous la direction de M. DE LOCHE, Inspecteur de la *Société française de protection contre le Phylloxera*, dont le siège est à Paris, rue Marsollier, 9;

Les soussignés déclarent avoir assisté à l'application du Phylloxericide Maiche qui a été faite le 4 mai 1887, sur les vignes de Mlle Honorine Maillard, propriétaire à Sonnailler, commune d'Arles.

Cette vigne est âgée de cinq ans et phylloxerée depuis deux ans environ.

Après avoir constaté sur plusieurs pieds la présence du Phylloxera et reconnu que la vigne est bien phylloxerée, ils ont désigné un carré de 172 pieds.

Le traitement a été ensuite appliqué de la manière suivante: chaque pied, déchaussé légèrement en forme de petit entonnoir, a été arrosé par une solution aqueuse contenant deux pour cent de Phylloxericide Maiche.

Etaient présents :

MM. Le comte DE CHEVIGNÉ. — Pierre DE WARUS. — ALAYARD, propriétaire du château Brunet. — J.-B. LONGUET. — MAILLARD. — Pierre RIPERT. — Henri SERIGNAN. — JOUBE. — Gabriel SERIGNAN. — BERNIER. — TREILLE. — Célestin VINCENT. — Antonin VINCENT. — BOYER. — BARBÉSIER. — Ange GAY. — Michel VINCENT. — Guillaume BRUYÈRE. — François COULET. — Guillaume CIBOUILLE. — DE COURTOIS. — GOUTIER DES COTTES, propriétaires à Arles. — DANTRELEAU, avocat propriétaire à Arles. — Martial GAY, agent de la Société, propriétaire à Arles.

Lesquels ont nommé d'un commun accord une commission chargée de suivre l'expérience. Cette Commission, qui s'est ajournée à....., pour constater le résultat du traitement, se compose de huit membres, qui ont signé le présent procès-verbal.

MM. ALAYARD. — TREILLE. — Comte DE CHEVIGNÉ. — Célestin VINCENT. — Henri SÉRIGNAN. — Michel VINCENT. — Gabriel SÉRIGNAN. — Pierre BARBÉSIER.

CONSTATATION

Le 12 Mai 1887, sur la convocation de M. P. LABREUIL, Administrateur de la Société, la vérification du traitement effectué sur la vigne de Mlle Honorine Maillard, à Sonnailler, commune d'Arles, au moyen du Phylloxericide Maiche, a eu lieu devant les soussignés, qui avaient assisté à l'application faite le 4 mai courant. S'étant transportés sur les lieux, douze ceps, désignés par les personnes présentes, ont été vérifiés après déchaussement des racines ; sur aucun il n'a été trouvé de phylloxera, sauf un pied sur lequel on a reconnu une agglomération de phylloxeras morts ; tandis que, sur un certain nombre de pieds non traités, il a été constaté un très grand nombre de phylloxeras vivants.

En foi de quoi ils ont signé le présent procès-verbal.

Sounailler, le 12 mai 1887.

MM. Maillard ; — Antoine Barbesier. — Henri Sérignan. — Gabriel Sérignan. — Joseph Maillard Fils. — Martial Gay. — Célestin Vincent.

PROCÈS-VERBAL

EXPÉRIENCE DU 4 MAI 1887

Application du Phylloxericide Maiche sur la vigne de M. Chevreau fils, propriétaire à Brizay (Indre-et-Loire).

En présence de M. Hausse, Juge de paix à l'Ile-Bouchard; A. Loiseleur, Président du comice agricole de l'arrondissement de Chinon; Carroy, propriétaire aux Charpentières; L. Million, Million Charlotte, E. Savary, Constantin, Ménard Victor, Vallé, Guilloteau, maire de l'Ile-Bouchard; Achille Chevreau, Moreauld, etc., etc.,

Et sous la direction de M. P. Labreuil, administrateur de la *Société Française de protection contre le Phylloxera,* dont le siège est à Paris, rue Marsollier, n° 9,

Les soussignés déclarent avoir assisté à l'application du Phylloxericide Maiche, qui a été faite le 4 mai 1887, sur les vignes de M. Chevreau fils, propriétaire à Brizay (Indre-et-Loire).

Cette vigne est âgée de huit ans et phylloxerée depuis sept ans environ.

Après avoir constaté sur plusieurs pieds la présence du phylloxera et reconnu que la vigne est bien phylloxerée, ils ont désigné un carré de 197 pieds.

Le traitement a été ensuite appliqué de la manière suivante : chaque pied, déchaussé légèrement en forme de petit entonnoir, a été arrosé par une solution aqueuse contenant un pour cent de Phylloxericide Maiche.

Etaient présents :

MM. Hausse, Juge de paix, président de la Société d'agriculture de l'arrondissement de Chinon et membre de la Société des Agriculteurs de France.—Loiseleur.—Carroy. — L. Million. — Million Charlotte. — E. Savary. — Constantin Menard (Victor). — Vallé. — Guilloteau. — Chevreau. — Moreauld. — Massé. — A. Lamy, banquier. — Girault Raoul, conseiller général. — B. Gerrand. — P. Foucher.

Lesquels ont nommé d'un commun accord une commission spécialement chargée de suivre l'expérience. Cette commission, qui s'est ajournée à quinzaine pour constater le résultat du traitement, se compose de dix membres qui ont signé le présent procès-verbal.

MM. C. Hausse. — Moreauld. — Loiseleur. — Carrey. — Guilloteau. — Achille Chevreau. — Girault. — P. Foucher. — Million. — L. Million.

Nota. — L'expérience de Brizay, chez M. Chevreau, a été faite en partie avec du phylloxericide à l'état sec, en partie avec du produit liquide, et exécutée dans les conditions suivantes :

Sur six rangées consécutives de ceps traités, les deux les plus voisines de l'extrémité du vignoble, l'une comptant 45 souches et l'autre 42, ont été traitées avec le produit sec.

Les trois suivantes en remontant, l'une de 35 pieds, la seconde de 30 et la troisième de 25, ont été soumises au traitement liquide.

Enfin la sixième rangée, composant 20 ceps, a été traitée avec le phylloxericide à l'état sec.

Fait à Brizay, le 4 mai 1887.

H. DE MORTILLET.

CONSTATATION

Propriété de M. Chevreau, propriétaire au Plessis, commune de Brizay.

Sur la convocation de M. P. LABREUIL, administrateur de la Société, le 15 Mai 1887, à une heure de l'après-midi, nous, membres de la commission, nous nous sommes transportés sur le champ d'expériences du 4 mai du présent mois. A notre demande ainsi qu'à celle des nombreuses personnes présentes, une certaine quantité de ceps traités au Phylloxericide Maiche ont été arrachés avec le plus grand soin jusqu'à l'extrémité des racines; un certain nombre a été fouillé afin d'en pouvoir extraire des racines avec les radicelles; le tout ayant été très attentivement examiné à la loupe, il n'a été trouvé que des Phylloxeras morts, sauf sur un cep, où il existait plusieurs phylloxeras d'une couleur très foncée qui paraissaient encore un peu vivants. Alors la commission, désirant se rendre un compte encore plus exact de l'état de ces derniers Phylloxeras, a fait à domicile une expérience au microscope, laquelle a démontré que ces insectes étaient bien morts, quoique de prime abord et à la loupe ils avaient conservé une apparence de vitalité.

Une vérification a été également faite le même jour et

pour la première fois pour l'emploi du même produit, mais à l'état sec ; après examen de ceps arrachés avec leurs radicelles, la commission et les assistants ont constaté avec une vive satisfaction que les résultats étaient encore plus accentués que dans les vignes traitées au liquide, et surtout la diffusion s'étendait à une plus grande distance, bien que depuis le jour de l'expérience faite en terrain sec celui-ci n'ait pas été détrempé par les eaux pluviales.

En foi de quoi le présent procès-verbal a été dressé et signé par la Commission.

PROCÈS-VERBAL

EXPÉRIENCE DU 4 MAI 1887

Application du Phylloxericide Maiche sur la vigne de Mme Ve Pallu, exploitée par M. Carroi (Louis), fermier, propriétaire à la Guennée-Brizay, près l'Ile-Bouchard (Indre-et-Loire).

En présence de MM. Gilbert de Vauthibault, propriétaire à l'Ile-Bouchard; Roulet, propriétaire à Saint-Époin; Pierre Brunet; Morruau, propriétaire à Saint-Maure; de la Soulois, banquier à Chinon; Sieklucki, propriétaire à Saint-Maure; Boudichon, à Saint-Maure; Bricault, receveur d'enregistrement à l'Ile-Bouchard; Loury, propriétaire à Bourgueil et membre du comice agricole de l'arrondissement de Chinon; Tevanne, notaire à l'Ile Bouchard; Robin, notaire à l'Ile-Bouchard; Beauvilain, propriétaire à Noyant; Charles Lhuillier, propriétaire à l'Ile-Bouchard; Fonteneau, propriétaire à l'Ile-Bouchard,

Et sous la direction de M. P. Labreuil, administrateur de la *Société Française de Protection contre le Phylloxera*, dont le siège est à Paris, rue Marsollier, nº 9.

Les soussignés déclarent avoir assisté à l'application du Phylloxericide Maiche qui a été faite le 4 mai 1887 sur la vigne de Mme Ve Pallu, exploitée par M. Carroi Louis, propriétaire à la Guennée-Brizay, près l'Ile-Bouchard (Indre-et-Loire).

Cette vigne est âgée de treize ans et phylloxerée depuis trois ans environ.

Après avoir constaté sur plusieurs pieds la présence du Phylloxera et reconnu que la vigne est phylloxerée, ils ont désigné un carré de 140 pieds.

Le traitement a été ensuite appliqué de la manière suivante : chaque pied, déchaussé légèrement en forme de petit entonnoir, a été arrosé par une solution aqueuse contenant un pour cent de Phylloxericide Maiche.

Et les membres présents ont nommé d'un commun accord une commission spécialement chargée de suivre l'expérience. Cette Commission, qui s'est ajournée à quinzaine pour constater le résultat du traitement, se compose de seize membres qui ont signé le procès-verbal.

MM. Joubert. — Hausse, juge de paix. — Guilloteau. — Foucher. — A. Loiseleur. — Bouquaux. — Moreau. — Carroy. — Million. — L. Million. — Robin. — A. Monjalon. — Girault, Conseiller général. — M. de Hautibault.

CONSTATATION

Le **15 Mai 1887**, sur la convocation de M. P. Labreuil, Administrateur de la Société, nous nous sommes transportés sur le lieu d'expérience traité le 4 mai. A la demande des nombreuses personnes présentes, un certain nombre de ceps ayant été complètement arrachés et d'autres simplement fouillés, afin de pouvoir examiner attentivement à la loupe les racines et radicelles, il a été sur la plupart des pieds reconnu que les phylloxeras étaient disparus ou morts; cependant, sur plusieurs racines, les plus éloignées du corps du cep, quelques phylloxeras semblant encore vivants, ont été remarqués, bien que néanmoins lesdits phylloxeras fussent d'une teinte beaucoup plus foncée que le phylloxéra à l'état normal.

La Commission, désirant se rendre un compte encore plus exact de l'état des phylloxeras trouvés, a fait à domicile une expérience au microscope et il a été reconnu à l'unanimité que l'insecte, qui à la loupe avait conservé une couleur encore jaunâtre, était néanmoins mort.

En foi de quoi le présent procès-verbal a été dressé et signé par la Commission.

PROCÈS-VERBAL

EXPÉRIENCE DU 5 MAI 1887

Application du Phylloxericide Maiche sur la vigne de M. Plumereau (Honoré), à Migné-les-Lourdines (Vienne).

En présence de :

MM. A. Peltier. — Rousseau (Léon). — Victor Surrault. — A. Grillart. — Mesager (Jean). — Vaudeleau. — Laverdin. — A. Bruneteau. — Proust. — Y. Plumereau. — A. Morin. — René Desgris. — Abonneau (Alphonse). — Y. Marot. — Caillas (Charles). — Marat (Edmond). Faure (Henri), docteur. — Marot (Félix). — Robin (Arcis). — Girault (Claude). — Garnier (Camille). — Meunier (Félix). — Prunget (Alfred). — Bobin (Charles). Dugué (Louis). — Grillart. — Petit.

Et sous la direction de M. H. de Mortillet, inspecteur de la Société Française de protection contre le phylloxera, dont le siège est rue Marsollier, n° 9.

Les soussignés déclarent avoir assisté à l'application du phylloxericide Maiche qui a été faite le 5 mai 1887 sur les vignes de M. Plumereau (Honoré), à Migné-les-Lourdines (Vienne).

Cette vigne est âgée de quinze ans et phylloxérée depuis trois ans environ.

Après avoir constaté sur plusieurs pieds la présence du phylloxera et reconnu que la vigne est bien phylloxerée, ils ont désigné un carré de 200 pieds.

Le traitement a été ensuite appliqué de la manière suivante : chaque pied, déchaussé légèrement en forme d'entonnoir, a été arrosé par une solution aqueuse contenant un pour cent de Phylloxericide Maiche.

Étaient présents :

MM. Léon Rousseau. — A. Peltier. — A. Grillart. — V. Surrault. — Mesager Jean. — Vaudeleau. — Laverdin. — A. Bruneteau. — Proust. — Y. Plumereau. — A. Morin. — René Desgris. — Alphonse Abonneau. — Y. Marot. — Caillas Charles. — C. Aursault. — Texereau. — A. Manot. — J. Plumereau. — E. Plumereau. — E. Roux. — Gennetault. — C. Surrault. — E. Dominault. — Aristide Duvault. — Armand Laverrie. — Chevros. — A. Grillard — A. Magonneau. — A. Naudin. — Quntin.

Lesquels ont nommé, d'un commun accord, une Commission spécialement chargée de suivre l'expérience. Cette Commission, qui s'est ajournée à quinzaine pour constater le résultat du traitement, se compose de six membres qui ont signé le présent procès-verbal.

MM. A. Peltier. — V. Surrault. — Proust. — Y. Marot. — A. Grillart. — Léon Rousseau.

CONSTATATION

Le 16 mai 1887, sur la convocation de M. P. Labreuil, Administrateur de la Société, nous nous sommes transportés sur les lieux du champ d'expérience; un certain nombre de ceps ayant été arrachés et minutieusement vérifiés à la loupe, il a été impossible d'y découvrir le moindre phylloxera vivant; tandis que, sur les parties de vigne non traitées, le phylloxera a été reconnu en grande quantité et parfaitement vivant. Les soussignés constatent que le terrain est léger.

En foi de quoi, le présent procès-verbal a été dressé et signé par les Membres présents de la Commission.

PROCÈS-VERBAL

EXPÉRIENCE DU 4 MAI 1887

Application du Phylloxericide Maiche sur la vigne de M. Maingon, Régisseur de M. Heine, à Richelieu (Indre-et-Loire).

En présence de :

MM. L. de Mauvisse, L. Froger, Billard, Jarry, Guimes, A. Ravion, Guimt, Michaut, Bonneau, Beausse, Boulabeille, E. Savatier, C. Doussard, D. Bertrand, Giraudeau, Delétang, Pierre Carroy, David Vallet, Roux, Guillot, Ch. Bonneau, David, Challeau, Junier Laurin, Maingon, Régisseur chez M. Heine.

Et sous la direction de M. P. Labreuil, administrateur de la Société française de protection contre le phylloxera, dont le siège est à Paris, rue Marsollier, n° 9,

Les soussignés déclarent avoir assisté à l'application du Phylloxericide Maiche qui a été faite le 4 mai 1887, sur les vignes de M. Maingon.

Cette vigne est âgée de dix-huit ans et phylloxerée depuis sept ans environ.

Après avoir constaté sur plusieurs pieds la présence du phylloxera et reconnu que la vigne est bien phylloxerée, ils ont désigné un carré de 380 pieds.

Le traitement a été ensuite appliqué de la manière suivante :

Chaque pied, déchaussé légèrement en forme de petit entonnoir, a été arrosé par une solution contenant un pour cent de Phylloxericide Maiche.

Étaient présents :

(Suivent 42 signatures.)

Lesquels ont nommé, d'un commun accord, une commission chargée de suivre l'expérience.

Cette Commission, qui s'est ajournée à quinzaine pour constater le résultat du traitement, se compose de quatorze membres qui ont signé le présent procès-verbal :

MM. A. Ravion. — J. Bonneau. — Jarry. — Gumat. — Michaut. — Billard. — Boulabeille. — E. Savatier. — Beausse. — Ravier. — Maingon. — Bonneau. — 2 signatures illisibles.

CONSTATATION

Le **15 Mai 1887**, sur la convocation de M. P. Labreuil, Administrateur de la Société, nous nous sommes transportés sur les lieux du champ d'expérience. Un nombre de ceps de vigne ayant été arrachés jusqu'à l'extrémité des radicelles, lesquelles ont été vérifiées à la loupe avec le plus grand soin, il a été impossible de découvrir des phylloxeras vivants ni morts.

En foi de quoi nous avons signé le présent procès-verbal pour servir à qui de droit.

Les deux expériences suivantes ont été faites en présence d'une Commission désignée par les **Agriculteurs de France** *réunis en Congrès à Poitiers, du 18 au 21 Mai, à l'occasion du concours agricole.*

Lesquels, désirant se rendre un compte exact de la valeur du Phylloxericide Maiche, ont chargé ladite Commission de suivre ces expériences.

PROCÈS-VERBAL

EXPÉRIENCE DU 20 MAI 1887

Application du Phylloxericide Maiche sur la vigne de M. Texereau (Théophile), propriétaire à Poitiers (Vienne).

En présence de MM. A. Morillon.— A. Peltier.— V. Besson. du Rétail. — Fayolle. — A. Morin. — Guibert. — C. Caillas. — Girard. — T. Morin. — Texereau. — I. Savatier. — Paul Beliard.

Et sous la direction de M. H. de Mortillet, Inspecteur de la *Société française de protection contre le Phylloxera*, dont le siège est à Paris, 9, rue Marsollier,

Les soussignés déclarent avoir assisté à l'application du Phylloxericide Maiche qui a été faite le 20 mai 1887, sur les vignes de M. Texereau (Théophile), propriétaire à Poitiers (Vienne).

Cette vigne est âgée de cinq ans et phylloxerée depuis trois ans environ.

Après avoir constaté sur plusieurs pieds la présence du phylloxera et reconnu que la vigne est bien phylloxerée, ils ont désigné un carré de soixante-trois pieds.

Le traitement a été ensuite appliqué de la manière suivante : chaque pied, déchaussé légèrement en forme de petit entonnoir, a été arrosé par une solution aqueuse contenant un pour cent de phylloxericide Maiche.

Étaient présents :

MM. Girard. — A. Peltier. — Guibert. — A. Morillon. — Girery. — C. Caillas. — Fayolle. — Plumerault. — Paul Beliard. — Du Retail. — V. Besson. — A. Morin. — F. Morin. — Texereau. — Peltier.

Lesquels ont nommé d'un commun accord une commission spécialement chargée de suivre l'expérience. Cette Commission, qui s'est ajournée à quinzaine pour constater le résultat du traitement, se compose de douze membres qui ont signé le présent procès-verbal.

MM. Paul Béliard. — A. Peltier. — Du Rétail. — V. Besson. — A. Morin. — F. Morin. — Girery. — Fayolle. — Guibert. — Girard. — C. Caillas. — Texereau.

Nota. — La vigne se trouve le long du chemin dit du Cheyan de la Grange, sur le plateau des Lourdines. La portion traitée longe le chemin et s'arrête à un pêcher. Il y a neuf pieds par rang et sept rangs ont été traités avec deux litres de dissolution de liquide.

MM. Paul Béliard. — Savattier. — Du Rétail. — A. Peltier. — V. Besson. — Girery. — A. Morin. — F. Morin. — Girard. — Guibetrt. — C. Caillas. — Fayolle. — T. Texereau.

CONSTATATION

L'an 1887, **le 4 Juin**, à deux heures de l'après-midi appelés sur les lieux par M. P. Labreuil, administrateur de la Société, les personnes ci-dessous indiquées se sont rendues sur la vigne de M. Texereau susdécrite. Il a été arraché six pieds de vigne désignés par la Commission et les membres présents, dont cinq dans la portion traitée et un dans la portion non traitée, ce dernier étant couvert de phylloxeras bien vivants; sur les cinq autres il n'a été constaté que quatre phylloxeras dont un certainement vivant; on a remarqué un grand nombre de phylloxeras décomposés. — L'insecticide a été employé par la pluie, et le temps a été habituellement humide depuis cette époque.

A la demande de M. P. Labreuil, il est reconnu que le seul phylloxera vivant a été trouvé à l'extrémité d'une des racines les plus éloignées du cep.

Étaient présents et ont signé :

MM. Lamotte.— Béliard.— La Martinière. — De Mont-Martin. — De la Sayette. — Rançon. — A. Peltier. — J. Guibert. — Savatier. — Compaing de la Tour-Girard.

PROCÈS-VERBAL

EXPÉRIENCE DU 20 MAI 1887

Application du Phylloxericide Maiche sur la vigne de M. Plumereault (Eugène), propriétaire à Auxances, commune de Vigné (Vienne.)

En présence de :

MM. Savatier. — De Mont-Martin. — Rançon. — Letamy. — A. Peltier. — C. Caillas. — Du Retail. — Paul Beliard. — V. Besson. — H. Compaing de la Tour-Girard. — De la Fayette. — De la Martinière.

Et sous la direction de M. H. de Mortillet, inspecteur de la Société française de protection contre le phylloxera, dont le siège est à Paris, rue Marsollier, n° 9.

Les soussignés déclarent avoir assisté à l'application du Phylloxericide Maiche qui a été faite le 20 mai 1887, sur les vignes de M. Plumereault (Eugène), propriétaire à Auxances, commune de Migné (Vienne).

Cette vigne est âgée de douze ans et phylloxerée depuis trois ans environ.

Après avoir constaté sur plusieurs pieds la présence du phylloxera, et reconnu que la vigne est bien phylloxerée, ils ont désigné un carrée de quatre-vingt-huit pieds.

Le traitement a été ensuite appliqué de la manière suivante : chaque pied, déchaussé légèrement en forme de petit entonnoir, a été arrosé par une solution aqueuse contenant un pour cent de Phylloxericide Maiche.

Étaient présents :

MM. Savatier. — H. Compaing de la Tour-Girard. — De la Martinière. — Du Rétail. — Létamy. — Paul Beliard. — A. Peltier. — Peltier. — A. Morin. — F. Morin. — A. Rançon. — V. Besson. — C. Caillas. — Guibert. — Bourdin. — A. Morillon. — Plumereault. — De Mont-Martin. — De La Sayette.

Lesquels ont nommé d'un commun accord une Commission spécialement chargée de suivre l'expérience. Cette Commission, qui s'est ajournée à quinzaine pour constater le résultat du traitement, se compose de douze membres qui ont signé le présent procès-verbal :

MM. Savatier. — De la Martinière. — De la Sayette. — De Mont-Martin. — Du Rétail. — H. Compaing de la Tour-Girard. — Paul Beliard. — C. Caillas. — V. Besson. A. Peltier. — Letamy. — A. Ranson.

Nota. — La vigne longe un chemin allant de Poitiers à Lencloitre. Le premier rang traité est le septième à partir du chemin, chaque rang contient environ huit ceps. En revenant au chemin, six rangs ont été traités au sec.

Le liquide a été dosé de la façon suivante : 1 litre de liquide pour 90 litres d'eau.

Une jointée de la matière sèche a été déposée au pied de chaque cep traité.

Et les membres présents susindiqués ont signé le présent.

CONSTATATION

L'an 1887, le 4 Juin, à quatre heures du soir, sur l'invitation de M. P. Labreuil, les personnes ci-dessous indiquées se sont transportées sur la vigne de M. Plumereault susdésignée, des racines ont été arrachées à un pied non traité, et le phylloxera a été trouvé en grande quantité; puis deux ceps ont été arrachés dans la partie traitée au centre de l'opération, un pied dans la portion traitée au liquide, et un pied dans la portion traitée au sec; il a été trouvé quelques phylloxeras sur les deux pieds. L'odeur du phylloxericide est encore très sensible en ouvrant la terre, actuellement l'effet paraît être moindre pour le phylloxericide sec.

M. P. Labreuil fait observer que le produit sec ne doit produire son effet qu'après un laps de temps au moins double de celui nécessaire au liquide pour le même terrain. Beaucoup de phylloxeras sur les pieds traités paraissent morts, quelques-uns ont encore leur couleur jaune, on en a vu remuer deux. On observe que la majeure partie des phylloxeras sur les vignes traitées sont en décomposition.

Ont signé :

MM. Rançon. — De la Sayette. — Compaings. — Béliard de Lamotte. — De la Martinière. — Surault. — A. Peltier. — Guibert. — Morin. A. Rousseau. — A. Maureau. — H. Savatier. — M. Savatier.

PROCÈS-VERBAL

EXPÉRIENCE DU 23 MAI 1887

Application du Phylloxericide Maiche sur la vigne de M. le Président Bonnet, propriétaire et Maire à Ayron (Vienne.)

En présence de :

MM. A. Dardaino, curé. — Aubourg. — Armand. — Verdon. — E. Simonneau. — Martin. — P. Bergier. — Dadu. — Maréchal. — Armand Bonnet. — Moynard.

Et sous la direction de M. H. de Mortillet, Inspecteur de la *Société Française de protection contre le Phylloxera,* dont le siège est à Paris, rue Marsollier, n° 9.

Les soussignés déclarent avoir assisté à l'application du Phylloxericide Maiche qui a été faite le 23 mai 1887, sur les vignes de M. le Président Bonnet, propriétaire et Maire à Ayron (Vienne).

Cette vigne est âgée de quinze ans et phylloxérée depuis deux ans environ.

Après avoir constaté sur plusieurs pieds la présence du phylloxera et reconnu que la vigne est bien phylloxerée, ils ont désigné un carré de cent soixante-quatorze pieds.

Le traitement a été ensuite appliqué de la manière suivante : chaque pied, déchaussé légèrement en forme de petit entonnoir, a été arrosé par une solution aqueuse contenant un pour cent de Phylloxericide Maiche.

Etaient présents :

MM. A. Dardaino. — Moynard. — Aubourg. — Armand. — Verdon. — Armand Bonnet. — Dadu. — Simonneau. — A. Bonnet. — Lusseau. — Poyant. — Martin. — Boulin. — Naudeau.

Lesquels ont nommé d'un commun accord une Commission spécialement chargée de suivre l'expérience. Cette Commission, qui s'est ajournée à quinzaine pour constater le résultat du traitement, se compose de douze membres qui ont signé le présent procès-verbal.

MM. Armand. — Verdon. — Armand Bonnet. — E. Simonneau. — P. Dadu. — P. Martin. — L. Dernier. — Bergier. — Maréchal. — P. Aubourg. — Armand Bonnel.

CONSTATATION

L'an 1887, le 5 Juin, à six heures du matin, nous nous sommes transportés sur les lieux d'expérience à l'effet de constater les résultats obtenus par l'application du Phylloxericide Maiche. Après avoir arraché deux pieds et plusieurs racines détachées de huit à dix pieds, il a été constaté que tous les phylloxeras étaient morts, la plupart décomposés et présentant la couleur brun foncé; cependant un doute s'étant élevé au sujet d'un phylloxera paraissant vivant, une nouvelle vérification a été jugée nécessaire.

Nous nous sommes transportés à nouveau, à midi et demi du même jour, sur le même champ d'expérience, heure indiquée et après convocation des membres présents à la première constatation.

Advenant l'heure indiquée (midi et demi), la Commission a procédé de nouveau sur la vigne traitée, et après un minutieux examen il a été constaté que presque tous les phylloxeras étaient décomposés; un seul a été reconnu vivant après examen à la loupe. Il a été arraché un pied non traité et chacun s'est convaincu que les racines étaient couvertes de nombreux phylloxeras vivants et présentant la couleur jaune d'or.

Il a été constaté que les pluies ont été très fréquentes depuis le jour de l'opération.

Ont signé :

MM. Armand BONNET. — A. BONNET. — Armand VERDON. — Pierre MARTIN. — Pierre DADU. — Louis DERNIER. — T. SIMMONOT. — Pierre AUBOURG.

Ont signé en outre de la Commission :

MM. COULOMBIER. — Louis DADU. — VINCENT. — PINEAU. — Alexis BRUN.

8131. — Paris. — Imp. Ve Éthiou Pérou et Fils, rue de Damiette, 2 et 4.

www.ingramcontent.com/pod-product-compliance
Lightning Source LLC
LaVergne TN
LVHW050452160826
845677LV00003B/740